楽しい調べ学習シリーズ

擬態(ぎたい)の ふしぎ図鑑

変身の名人たち！

[監修] 海野和男

PHP

はじめに

　地球上には、たくさんの生き物たちがすんでいます。そのなかでも、昆虫はもっとも種類が多く、くらしかたもバラエティにとんでいます。昆虫はどこにでも生息していますが、ほとんどは体が小さいので、ほかの生き物にねらわれることが多く、生き残るためには、さまざまなくふうをしなければなりません。そのひとつが「擬態」です。自分の体を、葉っぱや枝そっくりに似せたり、木の幹や地面にとけこませたりして、敵の目をあざむいてしまうのです。

　この本では、「ものまね名人」ともいえるような昆虫たちをたくさん紹介しています。ぜひ、そのおどろきのすがたを見てください。そして、昆虫のふしぎを感じてください。

　昆虫の世界は、まだまだ、わからないことがたくさんあります。この本を読んで、「擬態をする本物の昆虫を見てみたい」とか、「昆虫をもっと知りたい」と思ってもらえたら、とてもうれしいです。

海野 和男

もくじ

第1章 「擬態」って、なんだろう？

- 昆虫たちのかくれんぼ……………………………………… 6
- 昆虫の身を守る知恵………………………………………… 8
- 昆虫の擬態のテクニック…………………………………… 10
- 昆虫をさがしにいこう……………………………………… 12
- 昆虫の特徴…………………………………………………… 14
- 昆虫たちのかくれんぼ〈こたえのページ〉……………… 16

第2章 敵をあざむく目立たないテクニック

- 葉にそっくり………………………………………………… 18
- 枯れ葉にそっくり…………………………………………… 22
- 枝にそっくり………………………………………………… 26
- コケにそっくり……………………………………………… 28
- 花にそっくり………………………………………………… 30
- ふんにそっくり……………………………………………… 32
- 幹にとけこむ………………………………………………… 34
- 地面や草むらにとけこむ…………………………………… 36
- 擬死をする（死んだふり）………………………………… 38
- 変化する幼虫の擬態………………………………………… 40
- 擬態をする海の生き物……………………………………… 42
- すがたをかくす動物………………………………………… 44

第3章　敵もおどろく目立つテクニック

アリにそっくり……………………………………… 46
ハチにそっくり……………………………………… 48
テントウムシにそっくり…………………………… 50
ベニボタルにそっくり……………………………… 51
毒チョウにそっくり………………………………… 52
威嚇をする（おどかし）…………………………… 54
威嚇をする海の生き物……………………………… 57

昆虫を学べる施設…………………………………… 58
昆虫の写真をとろう………………………………… 60

さくいん……………………………………………… 62

第1章
「擬態」って、なんだろう？

昆虫たちのかくれんぼ

つぎの写真をよく見てみると、さまざまな種類の昆虫たちがすがたをかくしているよ。どこにかくれているか、わかるかな？

葉とおなじ緑色をしているよ。

う〜ん。ぜんぜんわからないな。

まるで葉っぱだね！

どこからどこまでが体かわかるかな？

新芽にそっくりの
すがたをしているよ。

4ひきも
かくれているよ。

葉や、幹のもように
そっくりだね。

→ こたえは
16ページ

かくれているのは
1ぴきではないよ。

昆虫の身を守る知恵

ものまね名人の「擬態」

　生き物のなかには、ほかの種類の生き物や葉・石などの自然物に自分の体の色や形を似せるのが得意な「ものまね名人」がいます。陸にくらす動物や海にすむ魚など、さまざまな種類の生き物がものまねをしますが、とくに昆虫には、ものまね名人がたくさんいます。たとえば、枯れた葉っぱにしか見えないチョウや、美しい花びらにそっくりなカマキリなどです。

　このように、生き物がほかのものにすがたを似せることを、生物学では「擬態」といいます。

　では、擬態をする昆虫たちは、なぜ、ほかの生き物や自然物をまねるのでしょうか？

昆虫には、敵がいっぱい！

　自然界には、昆虫の命をおびやかすさまざまな敵がいます。ヘビやトカゲ、カエル、鳥など、昆虫を好んで食べる捕食者（ほかの生き物を食べる生き物）は、いつでも、いたるところから昆虫たちをねらっています。

　なかでも、おそろしいのは鳥です。空を自由にとび、動きもすばやい鳥にねらわれてしまったら、体の小さな昆虫はひとたまりもありません。

　鳥が獲物をさがすときには、人とおなじように、おもに目（視覚）をたよりにしています。昆虫たちは、鳥に見つからないようにしなくては命はありません。

見つからないのが擬態の基本

　擬態をする昆虫が、自分のすがたをまわりにとけこませ、かくれるようにするのは、鳥をはじめとする敵に見つからないようにして身を守るためだと考えられています。

　敵から見つからなければ、おそわれることはありません。木の幹や地面に体をとけこませれば、鳥にも、ほかの動物にも、人間にも見つからないので、食べられたりすることもなく、子孫をのこすことができます。擬態は、自分の身を守り子孫をのこすための知恵なのです。

　この本では、昆虫のさまざまな擬態のほかに、擬態をする昆虫がよくおこなう「擬死（死んだふり）」と「威嚇（おどかし）」についても紹介しています。どちらも敵におそわれたときにおこなう身の守りかたです。擬死は、体の動きをとめ、死んだように見せかけて敵をだます方法です。威嚇は、はねをひろげて体を大きく見せるなどして、敵をおどろかす方法です。

さまざまな身の守りかた

　昆虫たちは、さまざまな方法で自分の身を守っています。擬態のほか、死んだふりをして敵をだましたり、毒針でさしたり、くさいにおいをだしたりと、昆虫の種類によって、その方法はちがいます。

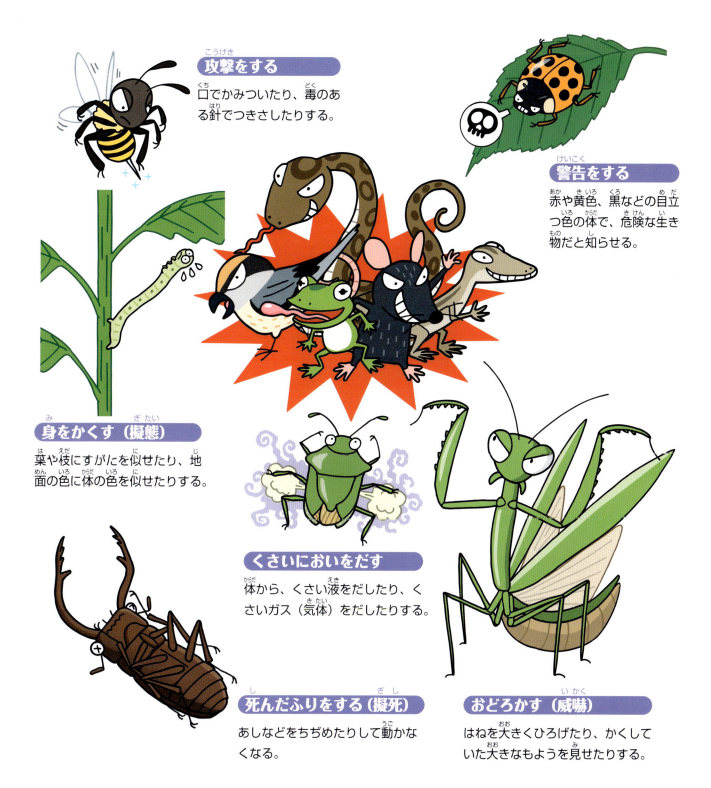

攻撃をする
口でかみついたり、毒のある針でつきさしたりする。

警告をする
赤や黄色、黒などの目立つ色の体で、危険な生き物だと知らせる。

身をかくす（擬態）
葉や枝にすがたを似せたり、地面の色に体の色を似せたりする。

くさいにおいをだす
体から、くさい液をだしたり、くさいガス（気体）をだしたりする。

死んだふりをする（擬死）
あしなどをちぢめたりして動かなくなる。

おどろかす（威嚇）
はねを大きくひろげたり、かくしていた大きなもようを見せたりする。

昆虫の擬態のテクニック

　昆虫の擬態は、大きく2つにわけられます。
　ひとつは、花や葉、木の枝や幹、地面や草むらなどに、自分の体の形や色を似せて、まわりからすがたをかくす方法。つまり「目立たせない擬態」です。これらは「カムフラージュ（カモフラージュ）」ともよばれ、体の色やもようを背景と見わけがつかないようにして、すがたをかくす方法です。

　もうひとつは、毒やくさい体液などをもつほかの昆虫の色や形をまねる擬態です。そういった特性をもつ昆虫をまねることで、自分は危険だと思わせているので、これは「目立たせる擬態」といえます。8ページで「見つからないのが擬態の基本」と説明していますが、あえて見つかるようにするのも擬態のテクニックのひとつです。

目立たせない擬態 ── 敵に見つからないようにかくれて身を守る

自然物の形や色をまねる
花や葉、幹や枝などに自分のすがたを似せる擬態。

葉にそっくり

➡18ページ

枯れ葉にそっくり

➡22ページ

枝にそっくり

➡26ページ

コケにそっくり

➡28ページ

目立たせる擬態 —— 毒などをもつ昆虫のすがたをまねて身を守る

毒やくさい体液などをもつほかの昆虫に、自分のすがたを似せる擬態。

アリにそっくり
➡46ページ

テントウムシにそっくり
➡50ページ

毒チョウにそっくり
➡52ページ

ハチにそっくり
➡48ページ

ベニボタルにそっくり
➡51ページ

花にそっくり
➡30ページ

背景にとけこむ

木の幹や地面、草むらなどのまわりの景色にとけこむ擬態。

幹にとけこむ
➡34ページ

ふんにそっくり
➡32ページ

地面や草むらにとけこむ
➡36ページ

昆虫をさがしにいこう

昆虫はどこにいる？

　昆虫は生き物のなかで、もっとも繁栄し、もっとも種類が多いとされています。日本には、3万種以上もの昆虫が生息しているといわれています。

　昆虫は、種類が豊富というだけでなく、それぞれが多様な生きかたをしています。木の枝の上や草むらのなか、落ち葉の下や地面の穴のおく、池や川といった水中など、生息する場所はさまざまです。昆虫の多くは体が小さいため、ほんのわずかなすきまでも生活することができるのです。

　家や学校のまわり、たんぼや野山を見わたせば、何種類もの昆虫を見つけることができますが、人目につかない場所にも、たくさんの昆虫がくらしています。

昆虫のさがしかた

　昆虫採集にでかけるときは、あらかじめ、つかまえたい昆虫の生態を図鑑などで調べておきましょう。生息場所、発生時期、食べ物などを知っておけば、出会えるチャンスがふえます。地域でおこなわれている昆虫観察会や自然観察会に参加してみるのもよいでしょう。昆虫のことにくわしい人もいるので、見たこともないようなめずらしい昆虫と出会えるかもしれません。

　昆虫さがしでもっともだいじなのは、音をたてないようにすることです。昆虫のいそうな場所を見つけたら、草や枝をゆらさないように気をつけて、注意深く目をこらしてみましょう。きっと、昆虫のすがたが見つかるはずです。

昆虫は、落ち葉や石の下、草花の花や葉の上、根元、木の幹などで活動している。

昆虫採集にでかけるときの服装と持ち物

昆虫採集には、動きやすい服装ででかけましょう。けがや事故をふせぐためにも、準備はしっかりする必要があります。

ぼうし 熱中症の予防になる。

長そでの上着と長ズボン 虫さされや、すりきずをふせぐ。とくに、草むらなどにはいるときは、暑くても、半そでシャツと短パンはやめる。スズメバチは黒いものに反応する性質があるので、黒っぽい服装はさける。

虫取り網（捕虫網） ホームセンターやアウトドアショップなどで購入できる。大きすぎず、重すぎないものを選ぶ。

虫かご つかまえた昆虫をもち帰るためのかご。プラスチックのケースなどでも代用できる。

スニーカー はきなれたくつなら長時間歩いてもつかれにくい。サンダルはやめる。

昆虫採集での注意点

なるべくおとなといっしょにでかける

小さい子どもだけで昆虫採集にでかけるのは危険です。できれば、おとなや年上の人といっしょにでかけましょう。道もわからない場所に、子どもだけでいくのはやめましょう。

安全な行動をこころがける

虫を追うことに夢中になると、道路へとびだして事故にあう危険があります。交通事故には気をつけましょう。危険な場所に足をふみいれてはいけません。川や池などの水場はとくに気をつけます。

危険な生き物に注意する

スズメバチにさされると、死にいたる場合があります。見かけても、さわがず、すぐにその場からはなれましょう。マムシや野犬を見かけた場合も、すぐにその場をはなれましょう。

自然をたいせつにする

樹木にきずをつけたり、むやみに花をおったりしてはいけません。昆虫のなかには、数が少ないため、採集禁止に指定されているものもいます。自然保護の気持ちをわすれずに行動しましょう。

昆虫の特徴

カブトムシ、クモ、チョウ、ダンゴムシ、バッタ、ムカデは、いずれも「虫」とよばれます。このうち、「昆虫」に分類されるのはカブトムシとチョウとバッタだけであって、クモとダンゴムシとムカデは昆虫ではありません。「虫」という言葉はやや広い意味をもち、昆虫以外もふくみます。

「虫」とよばれる生き物であっても、昆虫と昆虫以外では、体のつくりにちがいがあります。

昆虫の分類

動物は、背骨のある「脊椎動物」と背骨のない「無脊椎動物」に大きくわけられます。昆虫は、無脊椎動物のなかの、節足動物の一種である「昆虫類（昆虫綱）」に分類されます。昆虫類はさらに、甲虫目、ハチ目、トンボ目など、種類によってこまかく分類されます。

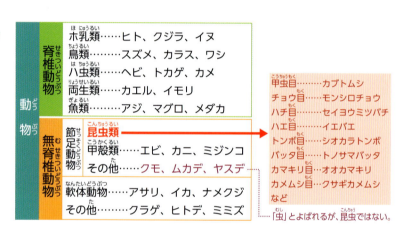

昆虫の体のおもな特徴

チョウの例

1. 目、口、触角のある頭部、あしのある胸部、腹部の3つにわかれている。
2. 胸部に6本のあしがある。
3. ふつう4枚のはねをもつ（はねをもたないものや、2枚にしか見えないものもいる）。

昆虫以外の虫の体

クモの例

頭と胸がいっしょになった頭胸部と、腹部の2つにわかれている。はねはなく、あしの本数は8本。

成長のしかた

昆虫は、産み落とされた卵からかえることで、赤ちゃんである「幼虫」になります。幼虫は、その後、何度かの脱皮（古くなった皮膚をぬぎすてること）をくりかえして大きくなり、おとなの体である「成虫」へと成長していきます。

昆虫の多くは、脱皮・成長するにつれて、すがたが大きくかわります。これを「変態」といいます。

変態には2種類あり、さなぎの時期があるものを「完全変態」といい、さなぎの時期がないものを「不完全変態」といいます。完全変態をする昆虫は、卵→幼虫→さなぎ→成虫と変化し、不完全変態をする昆虫は、卵→幼虫→成虫と変化します。

種類によっては、幼虫から成虫まで、ほとんどすがたがかわらない昆虫もいます。

ふ化……卵からかえって、幼虫になること。
蛹化……幼虫から脱皮し、さなぎになること。
羽化……幼虫やさなぎから脱皮し、成虫になること。

完全変態　さなぎの時期がある

幼虫と成虫のすがたがまったくちがうものが多い。カブトムシ、クワガタムシ、チョウ、ハチ、アリ、ハエのなかまなどがふくまれる。

不完全変態　さなぎの時期がない

幼虫と成虫では、あまりすがたがかわらない種類もある。ただし、成虫にははねがあるが、幼虫にはないことが多い。トンボ、バッタ、セミ、カマキリのなかまなどがふくまれる。

昆虫たちのかくれんぼ
こたえのページ

 でかこんだところが正解

カギシロスジアオシャクの幼虫

クロアゲハの幼虫

マレーコノハツユムシ

ヤガのなかまの幼虫

キエダシャクの幼虫

トビモンオオエダシャク

16

第2章
敵をあざむく目立たないテクニック

葉にそっくり

色や形が、葉っぱにそっくりな昆虫たちです。葉にとまっているすがたをひと目見ただけでは、それが昆虫だと見やぶることすらできないほど。わかわかしい緑の葉や、少し枯れて茶色になった葉をまねたりして、じょうずにすがたをかくしています。

オオコノハムシ（マレーシア）

葉のすじ（葉脈）までまねていて、緑の葉にそっくり。左はメスが背をむけてとまっているところだが、おなか側（左下）も葉に似ている。オスはとぶことができるが、メスはうしろばねが退化していて、とぶことができない。

オオコノハムシのオス。メスほどは、葉に似ていない。メスよりも体が小さく、触角が長い。

オオコノハムシ（メス）の背中を太陽にむけ、おなか側をうつしたもの。内臓が黒っぽくすけて見える。

フィリピンコノハムシ（フィリピン）

ヒラタツユムシのなかま（ボルネオ）
休んでいるときは、はねを横にひろげ、体を平たくしているので、背中側からは1枚の葉のように見える。

ヒラタツユムシのなかま（ボルネオ）
活動しているときは、ふつうのキリギリスに似たすがたをしている。

マレーヒラタツユムシ（マレーシア）
体を平たくして葉に似せるツユムシのなかま。

オオヒラタツユムシ（ボルネオ）
体長10cmほどもある大型のツユムシ。

トガリコノハツユムシのなかま（ペルー）
ツユムシのなかま。光沢のある葉に似ている。

シモフリコノハギス（コスタリカ）
体全体に白いもようがはいっていて、霜がふった（おりた）ように見える。白い斑点のはいった葉にまぎれると見わけがつかない。

ムシクイコノハギス（コスタリカ）
はねの形が、虫に食われた葉のように見える。

ヒゲナガコノハギス（マレーシア）
はねに、葉脈のようなもようがはっきりはいっている。

マレーオオコノハギス（マレーシア）
体長12cmくらいの大型のコノハギス。

コノハバッタ（マレーシア）

ややいたんだ葉にそっくりなコノハバッタが葉を食べている（下）。枝につかまって動かないと、1枚の葉のように見える（右）。

ゴウシュウコノハカマキリ（オーストラリア）

丸い小さい葉のようなカマキリ。

マルムネカマキリ（エクアドル）

丸い形の胸が葉に似ている。葉の上で身をひそめ、ツユムシのなかまにおそいかかっている。

コノハゼミ（オーストラリア）

葉に似た緑色をしたセミ。

ウスタビガの幼虫（日本）

枝につかまっていると、葉と見わけがつきにくい。

枯れ葉にそっくり

枯れて茶色や黄色になった葉をまねる昆虫たちです。枝にとまったすがたは、本物の枯れ葉にしか見えません。なかには、色だけでなく、枯れて丸まった葉の形にそっくりなすがたをした昆虫もいます。

コノハチョウ（日本）
木の幹にとまっている2ひきのコノハチョウ。はねをひらくと、オレンジのもようがはいった青みがかった色をしているが、はねをとじたすがたは、1枚の枯れ葉にそっくり。

はねのうら側は、まるで枯れ葉。

コノハチョウ（スマトラ産）のはねのうら側は、色も形ももようも枯れ葉に似ているが、よく見れば個体によってかなりちがう。

（体を左上にむけて撮影している）

ムラサキシャチホコ（日本）

丸まった枯れ葉にしか見えないムラサキシャチホコ。左手前が頭になる。丸まっているように見えるが、こういうもようをしているだけで、丸まっているわけではない。

ナンベイカレハシャチホコ（ペルー）

はねのもようで、丸まった枯れ葉のように見える。

カレハオビガ（ペルー）

まだらもようの枯れ葉に似ている。

キタテハ（日本）

コノハチョウとおなじで、はねのうら側は枯れ葉そっくりだが、おもて側はまったくべつのもようになっている。

カレハバッタ（マレーシア）
胸の背中側が発達し、はねとあわさって枯れ葉にそっくりに見える。枯れ葉を食べる。

マレーコノハツユムシ（マレーシア）
この個体は茶色の枯れ葉に似ているが、緑色や黄色の葉に似た個体もある。

カレハツユムシ（コスタリカ）
葉の一部が枯れたように見えるツユムシ。個体ごとに色やもようはちがう。

ペルーカレハツユムシ（ペルー）
うしろばねが退化してしまっているので、とぶことはできない。

メダマカレハカマキリ（マレーシア）

カレハカマキリのなかま。

マルムネカレハカマキリ（マレーシア）

おもに熱帯雨林に生息するカレハカマキリのなかま。葉を半分におったような形をしている胸が特徴。枯れ葉のなかにかくれて、獲物をとらえる。

キノハカマキリ（パナマ）

カレハカマキリのなかま。枯れかけた葉のようなカマキリ。

ヒシムネカレハカマキリ（マレーシア）

胸の形がひし形をしたカレハカマキリ。

枝にそっくり

枝をまねて、細長い体でじっと動かずにいたり、あしを長くのばしたりする昆虫がいます。枝にそっくりな昆虫の代表といえば、日本にも生息しているナナフシでしょう。シャクトリムシ（ガの幼虫）やカマキリなどのなかまにも、枝に似たものがいます。

トゲアシナナフシ（ボルネオ）

あしにとげのような突起のあるナナフシ。「ナナフシ」という名がついているが、体の節の数は7つ以上ある。

ブレビペスカレエダナナフシ（マレーシア）

枯れ枝にそっくりなナナフシが3びきいる。

セラピテスオオナナフシ（マレーシア）

あしをふくむ長さが50cm以上にもなる世界最大のナナフシ。上の細い枝にぶらさがっている。

エダカマキリ（マレーシア）
前あしをのばして、枝のまねをするカマキリ。

カレエダカマキリ（マレーシア）
枯れ枝にそっくりの不気味なすがたをしたカマキリ。

クワエダシャクの幼虫（日本）
クワの枝そっくりな幼虫。枝をつかむあしと、口からだした糸で体をささえている。

キエダシャクの幼虫（日本）
赤っぽいとげのあるノバラの新芽にそっくり。幼虫の体にも、赤みのある突起がついている。

コケにそっくり

木の幹や石、地面などにはえている緑色のコケ。このコケにそっくりな昆虫がいます。コケの色や形に似せたり、本物のコケを自分の体にくっつけたりして、コケのなかにひっそりと身をかくしています。

マレーヒラタコケツユムシ（マレーシア）
コケに似た色ともようをしたツユムシ。はねを横にひらき、その下にうしろあしをかくして、目立たないようにかくれている。

サルオガセギス（コスタリカ）
「サルオガセ」という地衣類に似たキリギリス。

ヨロイコケギス（エクアドル）
大きいコケの形によく似たキリギリス。頭を下にむけ、あしをまげている。

ゴマケンモン（日本）
コケに似たガ。頭を下にしてとまる。

ケンモンミドリキリガ（日本）
コケに似たガ。頭を上にしてとまる。

コケオニグモ（日本）
コケに似たクモ。コケのなかに身をひそめている。

コケツユムシ（コスタリカ）
コケむした枝に似たツユムシ。おしりを上にして枝の先にとまっている。

コマダラウスバカゲロウの幼虫（日本）
コケを体につけてかくれる。実際の体は、コケには似ていない。写真の中央に、ひらいた大アゴが見える。

花にそっくり

　花にそっくりなハナカマキリの幼虫は、すがたを花に似せて、敵からすがたをかくしつつ、えさとなる昆虫をおびきよせてつかまえます。このような擬態は、「攻撃擬態」とよばれることがあります。ガの幼虫のなかにも、花に似たものがいます。

ハナカマキリの幼虫（マレーシア）

ランの花に身をひそめるハナカマキリの幼虫。成虫よりも幼虫のほうが花に似ている。写真の中央やや上に、2つの目と2本の触角が見える。

緑色の葉の上にいるハナカマキリの幼虫。葉の上に落ちた花のように見える。

ハナカマキリの幼虫の目は、するどくとがった形をしている。両目のあいだにある突起とあわせて、花のおしべのように見える。

とらえたチョウを食べるハナカマキリの幼虫。

卵からかえってまもないハナカマキリの幼虫。赤い体と黒いあしをもつ。カメムシのなかまの幼虫にすがたが似ている。脱皮をすると、体の色は左の写真のように白くなり、あしにも花びらのような突起ができて、花に似てくる。

ホシヒメセダカモクメの幼虫（日本）

ヨモギの花に似たガの幼虫。写真のいちばん右の花に、頭を下にむけてとまっている。ヨモギの花を食べる。

ハイイロセダカモクメの幼虫（日本）

ガの幼虫。ヨモギの花を食べているすがたは、ヨモギの花にそっくり。

ふんにそっくり

　敵である鳥のふんにすがたを似せて身を守る昆虫がいます。葉や枝にとまってじっと動かなければ、鳥には、ふんがついているようにしか見えません。鳥のふん自体が小さいので、ふんに擬態するのは、幼虫や体の小さな虫たちです。

ホソアナアキゾウムシ（日本）
体は黒っぽい色をしていて、表面に白い粉をつけている。白い粉はこすると落ちる。

オジロアシナガゾウムシ（日本）
白と黒の体の色が、鳥のふんによく似ている。

ムシクソハムシ（日本）
鳥のふんではなく、虫のふんをまねている。

トリノフンダマシツノゼミ（コスタリカ）
体に突起のあるツノゼミのなかま。

クロオビシロフタオ（日本）

左の葉にとまっているのが、ガのなかまのクロオビシロフタオ。右の葉についているのは、本物の鳥のふん。

バラシロヒメハマキ（日本）

ガのなかま。2ひきが交尾している。

ナミアゲハの幼虫（日本）

小さいときは鳥のふんに似ているが、脱皮すると、色やもようがかわってくる。

オカモトトゲエダシャクの幼虫（日本）

ガの幼虫。2ひきがかさなっている。

トリノフンダマシクモ（日本）

昆虫ではないが、鳥のふんに似たクモ。

幹にとけこむ

体の色やもようを木の幹に近づけ、まるで幹の一部になったかのような昆虫がいます。平たくした体をぴったりと幹にくっつけて影をなくしたり、あしを体の下にかくしたりして、みごとに敵の目をあざむきます。

キノカワガ（日本）
樹皮にそっくりなガ。個体によって、色やもようはさまざま。

トビモンオオエダシャク（日本）
左の写真は2ひきが幹にとまっていて、上の写真は3びきがとまっている。はねの色ともようは個体によってちがう。

キノハダカマキリ（マレーシア）
木の肌にそっくりで、木と一体化してしまっているようなカマキリ。

ハゴロモのなかま（マレーシア）
木の幹のもようにそっくり。

ナカジロサビカミキリ（日本）
枝の下にとまっている。

ゴマダラチョウの幼虫（日本）
落ち葉の下で冬をこす。春になると木にのぼるが、最初は枝にとまっていて目立たない。

キノハダキリギリス（マレーシア）
コケのはえた木の幹にとまると、見わけがつきにくい。

35

地面や草むらにとけこむ

多くの昆虫は、すんでいる環境にあわせた体の色をしています。おもに地表でくらす昆虫は砂や土の色の灰色や黄土色、草むらにすむ昆虫は草の緑色や枯れ草の茶色です。まわりの環境に色を似せることで、自分の体を目立たせないようにしているのです。

ニセハネナガヒシバッタ（日本）
白、黒、茶色など、砂のつぶに似た色をしたバッタ。

ハマスズ（日本）
コオロギのなかま。写真の中央にいるが、地面と同化して、真上からでは見わけがつかない。

ヒシバッタ（日本）
小さなバッタ。体の色は土や枯れ草の色に近い。

カワラバッタ（日本）
川原に生息しているバッタ。小石に似た色をしている。

ショウリョウバッタ(日本)
ショウリョウバッタには、緑色(上)と茶色(左)のタイプがいる。緑色のタイプは草むらに、茶色は枯れ草にまぎれると見つけにくい。

ショウリョウバッタモドキ(日本)
体の中央部に赤みがかった線がある。細い葉にとまると、人の目には葉の一部にしか見えない。

オオカマキリの幼虫(日本)
写真は緑色のオオカマキリだが、枯れ葉に似た茶色いタイプもいる。

オンブバッタ(日本)
草むらにいるバッタ。ショウリョウバッタよりも体が小さく、ずんぐりしている。

37

擬死をする（死んだふり）

敵におそわれたりしたとき、突然、動かなくなる昆虫がいます。こうした現象は、まるで死んだかのように見えることから、「擬死」とよばれます。葉や枝にとまっていた昆虫が擬死をおこすと、急に体を硬直させ、地面にぽとりと落下してしまいます。

エダナナフシ（日本）
枝に擬態しているナナフシのなかま（上）。手でふれておどろかすと、擬死をおこして地面に落ちる（左）。落ちた枝のように見える。

オオエグリシャチホコ（日本）
擬死をおこしたすがたは、地面に落ちた枯れ葉のように見える。

ヒシムネカレハカマキリ（マレーシア）
擬死をおこすと、あしをちぢめて動かなくなる。

オジロアシナガゾウムシ（日本）
小さなゾウムシも死んだふりをする。

ノコギリクワガタ（日本）
大型の甲虫には少ないが、クワガタムシのなかまには死んだふりをするものがいる。

カツオゾウムシ（日本）
葉の上で死んだふりをしている。

ヨツコブコカブト（ペルー）
あしをちぢめて死んだふりをしている。

変化する幼虫の擬態

チョウやガの幼虫のなかには、擬態の達人といえるものがいます。幼虫は、卵からかえったあと、脱皮をくりかえして大きくなっていきますが、かくれるのがじょうずな幼虫は、成長するにしたがって体の色やもようを変化させていきます。まわりの環境にあわせて、体も変化させるのがじょうずなのかもしれません。

カギシロスジアオシャクの幼虫

ガのなかま。幼虫は、コナラの芽の成長とともに体の色をかえていきます。

1

卵からかえったあと、幼虫のまま冬をこす。茶色い体をふたつにおりまげたすがたは、コナラの冬芽にそっくり。

2

春になってコナラの芽がではじめると、幼虫はおしりの一部が茶色のまま、体の色を緑色にかえる。コナラの新芽にそっくりなすがたに変身する。

3

コナラの葉が成長すると、幼虫の体もほとんど緑色になる。体の突起も大きくなり、ギザギザしたコナラの葉のように見える。

オオミスジの幼虫

　チョウのなかま。オオミスジの幼虫は、バラ科のウメなどの木の葉を食べて育ちます。ウメの木の変化にあわせて、自分の体もかえていきます。

オオミスジの成虫

1 オオミスジの幼虫は、ウメの木の肌にそっくりな色をしている。幼虫のまま冬をこす。

2 枝のあいだから顔をだす幼虫。春をむかえると、幼虫の体は、ウメの新芽のような色になる。

3 成長すると、ウメの葉のように全身があざやかな緑色に変化する。大きくなりはじめたウメの若葉のように見える。

4 大きくなった幼虫は枝にぶらさがり、やがてさなぎになる。すがたを枯れ葉に似せるため、まわりにある葉を口でかんで枯れさせている。

擬態をする海の生き物

擬態をするのは昆虫だけではありません。海のなかにも、かくれんぼや変身の名人たちがいます。体を細くして海そうにばけたり、体のもようを砂に似せて海底にひそんだりと、さまざまなくふうをして身を守っています。

海そう・サンゴにそっくり

ハナオコゼ
海面を浮遊する流れ藻について生活する。

ニシキフウライウオ
いつも頭を下にむけて、海そうやサンゴなどによりそってかくれている。

ピグミーシーホース
きわめて小さい種類のタツノオトシゴ。体の色や形をソフトコーラル（やわらかい体をもつサンゴのなかま）に似せて擬態している。写真の中央から右下にかけて、頭と腹が見える。

砂にとけこむ

サビハゼとコウベダルマガレイ
左上に見えるのがサビハゼ。右に砂がややもりあがっているように見えるのがコウベダルマガレイ。どちらの体も砂にとけこむようなもようをしていて、海底が砂地になっているところで生活している。

キアンコウ
写真の中央に左右の目が見える。体を砂地にとけこませ、大きな口で小魚などをとらえる。

岩にとけこむ

イロカエルアンコウ
泳ぎはあまり得意ではなく、発達した胸びれで歩くように移動する。

オニカサゴ
手前の岩のように見えるのがオニカサゴ。体の色をまわりに似せて、動かずに獲物が近づくのをまっている。

すがたをかくす動物

動物のなかにも、すがたをかくすのが得意なものがいます。背景の色そっくりに体毛や皮膚の色を似せて風景にとけこみ、敵に見つからないようにかくれたり、獲物をとらえるために身をひそめたりしているのです。

ライチョウ
白い冬毛につつまれたライチョウ（下）。これで雪のつもった風景のなかにとけこむ。夏場は、岩などに似た茶色い毛をしている（左）。

ライオン
茶色い毛をしているので、草原にいると目立たない。

ニホンアマガエル
ふだんは緑色をしているが（左）、環境の変化などによって、もようがあらわれたり、色が変化したりする（右）。

第3章
敵もおどろく目立つテクニック

アリにそっくり

アリに似ている昆虫はたくさんいます。集団で行動するアリは、大きなアゴでかみついたり、毒液をだしたりと攻撃性も高く、体は小さいながらも強い存在といえます。アリに似た昆虫が多いのは、自然界にはアリを苦手とする生き物が多いからなのかもしれません。

ツムギアリ（マレーシア）

なかまといっしょに、葉をひっぱっている。

ホソヘリカメムシのなかまの幼虫
（マレーシア）

ツムギアリにそっくりなカメムシの幼虫。

アリグモ（日本）
日本各地にいるアリに似たクモ。

アリグモのなかま（マレーシア）

アリが右をむいているように見えるが、左が頭で、右がおしりになる。

アリギリスの幼虫（マレーシア）
アリに似たキリギリス。アリは触角が「く」の字にまがっているが、キリギリスの触角はまっすぐのびている。成虫になると、アリには似ていない。

アリカツギツノゼミ（ペルー）
アリを背中にかついでいるように見える。アリに見えるのはツノゼミのツノにあたる部分。

アリカマキリの幼虫（タイ）
アリに似た小さなカマキリ。成虫になると、アリには似ていない。

ハネナシハンミョウ（マレーシア）
アリに似たハンミョウ。名前のとおり、はねがない。

ハチにそっくり

毒針をもっていないのに、ハチ独特の黄色と黒のしまもようや、腰のくびれた形をまねて、危険な昆虫のふりをしているものがいます。なかには、毒針もないのにさすまねをするめずらしい昆虫もいます。

スズキナガハナアブ（日本）
スズメバチにそっくりで、とぶ姿勢まで似ている。

ニトベナガハナアブ（日本）
ドロバチに似ているアブ。

クロオビハラブトハナアブ（日本）
マルハナバチに似たアブ。

ミツオビヒゲナガハナアブ（日本）
クロスズメバチにそっくりなアブ。

トラカミキリ（日本）

スズメバチにそっくりなカミキリムシ。ハチのように見えるが、触角の形を見れば、ハチではないことがわかる。

スカシバガのなかま（ペルー）

ハチに似たガ。腰の部分がハチのようにくびれている。

カノコガのなかま（ベネズエラ）

ハチに似せた細長いはねをしている。

さすまねをする昆虫

トラフヤママユのなかま。このガは毒針をもっていないが、指でさわると体をまげて毒針をさすような動きをする。
体をまげると、腹部にハチのような黄色と黒のしまもようが見える。

指でふれたら、おこって体をまげたところ。

テントウムシにそっくり

テントウムシのなかまは、赤や黄色などの目立つ色をしていて、さわられると、くさい液をだします。「自分はまずい虫」だと、敵に知らせているのでしょう。ハムシやカメムシなどのなかには、体の色やもようをテントウムシに似せることで、「自分はまずい虫」だと周囲に思わせて身を守っているものがいます。

ハムシのなかま（マレーシア）
オレンジ色に黒い斑紋がテントウムシにそっくり。

ヨツボシテントウダマシ（日本）
テントウムシに似ていることから、テントウダマシの名前がつけられている。

イタドリハムシ（日本）
イタドリの葉を食べるハムシ。

アワフキムシのなかま（マレーシア）
黒とオレンジ色の目立つもようをしている。

ベニボタルにそっくり

　ベニボタルは、体のなかに毒のある成分をもっています。それを知っている敵は、ベニボタルを食べようとしません。ベニボタルの体の色やもようをまねることで、敵から攻撃されないようにしている昆虫を紹介します。

クシヒゲベニボタル（日本）
日本のベニボタルは名前のとおり、赤や赤に近い色をしている。

ニホンベニコメツキ（日本）
体の色や触角もベニボタルに似ているが、はねはもっとかたい。

ベニボタルのなかま（ペルー）
中南米にすむベニボタル。

ベニボタルモドキカミキリ（コスタリカ）
体のもようが中南米にすむベニボタルに似ていることから、ベニボタルモドキの名前がつけられている。

毒チョウにそっくり

毒チョウは体内に毒をもっているため、敵からおそわれにくいといえます。毒をもたなくても、毒をもつチョウをまねることで、敵におそわれにくくしているチョウがいます。毒チョウをまねるチョウは、オスよりもメスのほうが似ているようです。

ツマグロヒョウモンのメス（日本）
毒はないが、毒をもつカバマダラ（右）にそっくり。

カバマダラ（日本）
毒をもつチョウ。幼虫のときに毒のある植物を食べて大きくなるため、成虫になっても体内に毒がのこっている。

ナガサキアゲハのメス（マレーシア）
毒はないが、毒をもつニジアケボノアゲハ（右）にそっくり。

ニジアケボノアゲハ（マレーシア）
毒をもつチョウ。

毒をもつチョウ（擬態されるチョウ）	毒をもたないチョウ（擬態するチョウ）
 ヒメオオゴマダラ	 クエンストレリマネシジャノメ （ヒメオオゴマダラに擬態）
 ツマムラサキマダラ	 ムラサキマネシアゲハ （ツマムラサキマダラに擬態）
 ヘクトールベニモンアゲハ	 シロオビアゲハ （ヘクトールベニモンアゲハに擬態）

威嚇をする（おどかし）

　昆虫の身に危険がせまったときなどに、はねをひろげて体を大きく見せたりする行動を「威嚇」といいます。威嚇をするのは、おどろかせて敵をしりぞけたり、にげる時間をつくるためと考えられています。擬態とはややちがいますが、いくつか紹介しましょう。

メダマカレハカマキリ（マレーシア）
かまをふりあげ、はねをひろげて体を大きく見せている。はねのうら側には目立つもようがある。

マルムネカレハカマキリ（マレーシア）
2ひきとも威嚇のポーズをとっている。

シロヒトリ（日本）
はねをあげ、腹部にある赤いもようを見せて威嚇する。

センストビナナフシ（マレーシア）
ふつうの状態（上）から、危険がせまると、黄色い下ばねを大きくひろげて威嚇する（右）。

ビワハゴロモのなかま（ペルー）
ふつうの状態（上）から、危険がせまると、はねを大きくひろげて威嚇する（右）。

サカダチコノハナナフシ
（マレーシア）
さかだちをするように、おしりを高くもちあげて威嚇する。

びっくり目玉もよう

　ガのなかまには、はねに目玉のようなもようをもつものがいます。危険を感じると、はねをひろげてそのもようを見せます。2つの目玉もようは、動物の両目のように見えるので、昆虫の天敵である鳥にはねらわれにくくなるようです。

マエモンメダマヤママユ（エクアドル）

アカカギバメダマヤママユ（ペルー）

ウチスズメ（日本）

威嚇をする海の生き物

海にすむ生き物にも、身に危険がせまったときなどに威嚇するものがいます。ひれを大きくひろげたり、口を大きくあけたりして、自分の体を相手より大きく見せようとするのです。

ハリセンボン
水をのみこんで体を大きくふくらませ、とげをさかだてて威嚇する。

ミノカサゴ
大きなひれをひろげて、相手を威嚇する。

ウツボ
できるだけ口を大きくあけて威嚇する。

昆虫を学べる施設

　全国には、昆虫の標本や生きている昆虫を展示する博物館・昆虫館があります。昆虫に興味をもち、もっと深く知りたくなったら、ぜひおとずれてみましょう。日本に生息する昆虫や、めずらしい外国の昆虫に出会うことができます。おもな博物館・昆虫館を紹介しましょう。

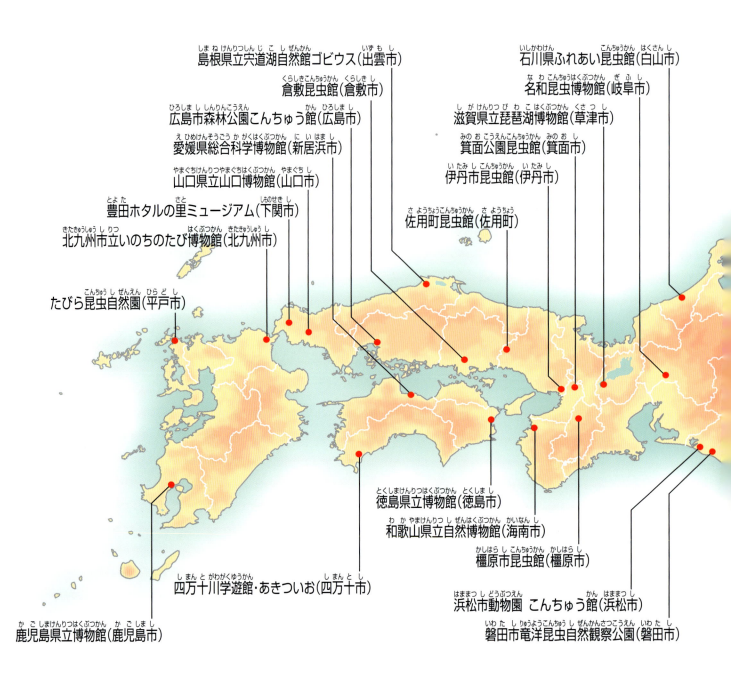

- 島根県立宍道湖自然館ゴビウス(出雲市)
- 石川県ふれあい昆虫館(白山市)
- 倉敷昆虫館(倉敷市)
- 名和昆虫博物館(岐阜市)
- 広島市森林公園こんちゅう館(広島市)
- 滋賀県立琵琶湖博物館(草津市)
- 愛媛県総合科学博物館(新居浜市)
- 箕面公園昆虫館(箕面市)
- 山口県立山口博物館(山口市)
- 伊丹市昆虫館(伊丹市)
- 豊田ホタルの里ミュージアム(下関市)
- 佐用町昆虫館(佐用町)
- 北九州市立いのちのたび博物館(北九州市)
- たびら昆虫自然園(平戸市)
- 徳島県立博物館(徳島市)
- 和歌山県立自然博物館(海南市)
- 橿原市昆虫館(橿原市)
- 四万十川学遊館・あきついお(四万十市)
- 浜松市動物園 こんちゅう館(浜松市)
- 鹿児島県立博物館(鹿児島市)
- 磐田市竜洋昆虫自然観察公園(磐田市)

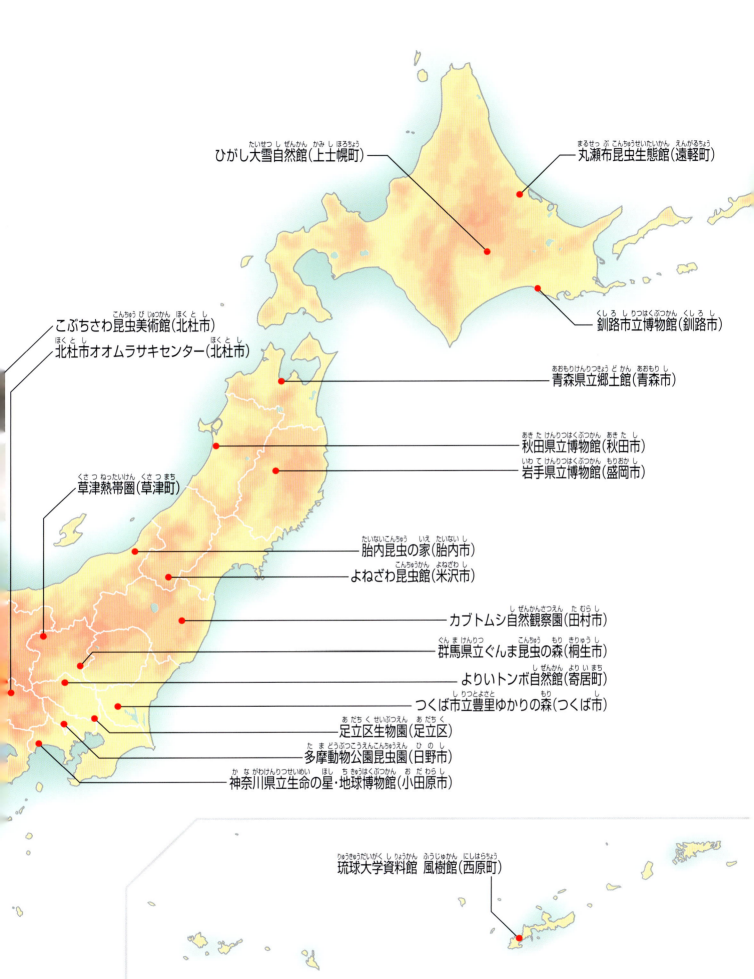

昆虫の写真をとろう

デジタルカメラで撮影しよう

　美しいすがたをデジタルカメラ（デジカメ）で撮影するのも、昆虫のたのしみかたのひとつです。名前を知らない昆虫を見つけたときでも、写真にとって記録しておけば、あとで調べることができます。

　飼っている昆虫の観察日記をつけるときにも、デジカメはとても便利です。撮影後、すぐにその場で写真を確認できるので、失敗しても、何度でもとりなおせます。写真には日時が記録されるので、あとで簡単に整理できます。

デジカメで撮影した写真を使って、昆虫の観察日記をつけてみよう。スマートフォンに付属するデジカメでも撮影できます。

コンパクトタイプと一眼レフタイプ

　デジカメにはいくつかの種類がありますが、よく使われているのは、コンパクトタイプと一眼レフタイプです。

　コンパクトタイプは、小さくて軽いレンズ一体型のカメラ。操作がやさしいので、初心者でも撮影しやすいカメラです。

　一眼レフタイプは、被写体（うつされる対象）に応じてレンズをかえることができるカメラです。使いこなすには、ある程度の知識と技術が必要ですが、高画質の写真をとることができ、本格的な撮影をおこないたい人にむいています。

デジタル一眼レフカメラと交換レンズ

昆虫の撮影には、被写体になるべく近づくことができるカメラやレンズが便利。

コンパクトデジタルカメラ

昆虫撮影の基本

デジカメは、シャッターをおすだけで写真をとることはできますが、撮影するときに、いくつかの点に注意すれば、よりきれいで、迫力のある写真をとることができます。

近づいてとる

昆虫は、なるべく近づいて大きくうつしましょう。カブトムシやクワガタなどの甲虫類は動きがゆっくりしているので、音をたてないように気をつければ、かなり近づくことができます。近づきすぎて、昆虫ににげられないように注意しましょう。

手ぶれ、被写体ぶれに気をつける

シャッターをおすときにカメラが動いてしまったり、シャッターが切れているときに被写体が動いたりすると、写真がぶれてしまうことがあります。カメラは両手でもち、シャッターは軽く確実におしましょう。両わきをしっかりしめ、できるだけ明るいところで撮影すると、写真がぶれにくくなります。

ズーム機能や望遠レンズを使う

チョウ、トンボ、ハチのように、人の気配を感じるとにげてしまう昆虫や、動きのすばやい昆虫の場合は、被写体の大きさを自在に変更できるズーム機能を使い、はなれたところから大きく撮影します。一眼レフカメラであれば望遠レンズを使います。ただし、手ぶれしやすくなるので注意が必要です。

目にピントをあわせる

生き物を撮影するとき、ふつう、ピントは目にあわせます。目にピントがあっていない写真は、見る人にぼんやりとした印象をあたえてしまいがちです。昆虫の目は小さいので、ピントをあわせにくいですが、しっかりとねらいましょう。

わきをしめて撮影 ○

わきをひらいて撮影 ×　手ぶれしやすい

もっと知りたい！　昆虫撮影

昆虫撮影に興味をもったら、よりくわしくかかれた専門書を読んでみましょう。昆虫を大きくうつすことができるマクロレンズや、ストロボの使いかたなど、デジタルカメラを使ったさまざまな撮影テクニックが学べます。

『デジタルカメラによる海野和男の昆虫撮影テクニック 増補改訂版』
（誠文堂新光社）

さくいん

あ

アカギバメダマヤママユ	56
アリカツギツノゼミ	47
アリカマキリの幼虫	47
アリギリスの幼虫	47
アリグモ	46
アリグモのなかま	46
アワフキムシのなかま	50
威嚇	8、9、54
イタドリハムシ	50
イロカエルアンコウ	43
羽化	15
ウスタビガの幼虫	21
ウチスズメ	56
ウツボ	57
エダカマキリ	27
エダナナフシ	38
オオエグリシャチホコ	38
オオカマキリの幼虫	37
オオコノハムシ	18
オオヒラタツユムシ	19
オオミスジの成虫	41
オオミスジの幼虫	41
オカモトトゲエダシャクの幼虫	33
オジロアシナガゾウムシ	32、39
おどかし	8、54
オニカサゴ	43
オンブバッタ	37

か

カギシロスジアオシャクの幼虫	16、40
カツオゾウムシ	39
カノコガのなかま	49
カバマダラ	52
カムフラージュ	10
カモフラージュ	10
カレエダカマキリ	27
カレハオビガ	23
カレハツユムシ	24
カレハバッタ	24
カワラバッタ	36
完全変態	15
キアンコウ	43
キエダシャクの幼虫	16、27
擬死	8、9、38
擬態	8、10
キタテハ	23
キノカワガ	34
キノハカマキリ	25
キノハダカマキリ	35
キノハダキリギリス	35
クエンストレリマネシジャノメ	53
クシヒゲベニボタル	51
クロアゲハの幼虫	16
クロオビシロフタオ	33
クロオビハラブトハナアブ	48
クワエダシャクの幼虫	27
ケンモンミドリキリガ	29

か (続き)

攻撃擬態	30
ゴウシュウコノハカマキリ	21
コウベダルマガレイ	43
コケオニグモ	29
コケツユムシ	29
コノハゼミ	21
コノハチョウ	22
コノハバッタ	21
ゴマケンモン	29
コマダラウスバカゲロウの幼虫	29
ゴマダラチョウの幼虫	35
昆虫	14
昆虫綱	14
昆虫採集	12、13
昆虫類	14

さ

サカダチコノハナナフシ	55
さなぎ	15
サビハゼ	43
サルオガセギス	28
シモフリコノハギス	20
ショウリョウバッタ	37
ショウリョウバッタモドキ	37
シロオビアゲハ	53
シロヒトリ	54
死んだふり	8、9、38
スカシバガのなかま	49
スズキナガハナアブ	48
成虫	15
脊椎動物	14